100 CONTRIBUTORS 2000 DESIGN
SCHEMES 10000 ILLUSTRATIONS
100×2000×10000
一百家投稿单位 两千个设计方案 一万张图片

HOUSING 住宅
ARCHITECTURE 建筑

A COLLECTION OF 2012 竞标方案表现作品集成 1
ARCHITECTURAL COMPETITION SUBMISSIONS

大连理工大学出版社

100 CONTRIBUTORS 2000 DESIGN
SCHEMES 10000 ILLUSTRATIONS
一百家投稿单位 两千个设计方案 一万张图片

图书在版编目(CIP)数据

2012竞标方案表现作品集成. 1、2 / 刘师生，扬帆
主编. —大连：大连理工大学出版社，2012.10
ISBN 978-7-5611-7327-5

Ⅰ. ①2… Ⅱ. ①刘… ②扬… Ⅲ. ①建筑设计—作品
集—中国—现代 Ⅳ. ①TU206

中国版本图书馆CIP数据核字（2012）第225420号

出版发行：大连理工大学出版社
（地址：大连市软件园路 80 号　邮编：116023）
印　　刷：深圳市彩美印刷有限公司
幅面尺寸：235mm×320mm
印　　张：50
出版时间：2012 年 10 月第 1 版
印刷时间：2012 年 10 月第 1 次印刷
责任编辑：张昕焱
封面设计：林　立　王志峰
责任校对：张媛媛

书　　号：ISBN 978-7-5611-7327-5
定　　价：778.00 元（共 2 册）

发　行：0411-84708842
传　真：0411-84701466
E-mail：12282980@qq.com
URL：http://www.dutp.cn

CONTENTS 目录

2012 ··· ··· ·· ···· ······· A Collection of Architectural Competition Submissions
···· 2009 ··· 10000
··· ······ ··· ···· ······· ··· ······
1800 ···· ······ · 2000 Design Schemes · 10000 Illustrations

王建
上海艺酷数字科技总经理
上海展德设计院副总经理

自人类社会诞生以来，艺术便不断被研究与传承。有诗云："北方有佳人，绝世而独立。一顾倾人城，再顾倾人国。"美好的艺术亦如李延年笔下的北方佳人，带给人们的不仅仅是赏心悦目，更是一种触动心灵的不断回味。建筑及表现手法之艺术，乘自然艺术之清冽，承社会艺术之灵气，千百年来，犹如一部不褪色的史书，让我们对话古今的同时，给我们展现出一幅关于建筑演变的历史画卷。

而这一切都要归功于那些艺术工作者——古代的画师们。他们凭着卓越的绘画技能、娴熟的表现手法，把同时代的建筑描绘得栩栩如生，建筑及建筑表现从此以一种最朴素的形式翻开了人类文化史上炫丽的一个篇章并绵延千年。今天，在计算机技术的推动下，它更演化成一支独立的文化产业——建筑数字表现。它以其多视角的模型、逼真的效果、真实的环境以及对复杂细部的表现，迅速引起了设计师们的青睐。它把设计师抽象的思想以一种实景再现的方式把原本不存在的东西以影像的形式呈现在大家面前，从而为设计师、开发商及业主之间进行意见ం通权、交流搭起了一座沟通的桥梁。本作品集正是精心挑选并收录了全球范围内建筑设计与建筑表现领域里的最新力作，创意的建筑方案设计、震撼的技术表现手法，作品丰富，说明通俗易懂，无论你是一名资深设计师还是初窥门径的设计新手，通过阅读本书将收获不少的启迪。

最后，我祝愿《2012 竞标方案表现作品集成》能够一如继往地为建筑界的友人提供一个权威性更强、覆盖面更广的交流平台，为世界建筑的发展与人类文化的传承做出更大的贡献。

是以为序。

序 言
PREFACE

A COLLECTION
OF 2012 竞标方案表现作品集成
ARCHITECTURAL
COMPETITION
SUBMISSIONS

韩健 ID：狂潮鸣天
映像社稷（北京）数字科技有限责任公司

很荣幸上海中讯文化传播有限公司给予的这次阐述《2012 竞标方案表现作品集成》序言的机会，建筑表现行业的宣传一直需要宽广的平台，就像您看到的这套专业图册，对建筑表现行业的精髓积累展现在大家眼前，给业内人士提供了极其丰富且富有内涵的思维篇章，感谢贵公司精力打造的这套典籍。

当前的建筑表现行业已经经历了多年的历练，不管是在手法和技巧上、软件和硬件上都不停地在促进这个行业的变革，有过多年从业经验的同行们也都应该察觉到了行业的进化，每天查阅学习新技术、新理论就是为了赶上行业的发展，我很期待建筑表现的理想状态，有种倍感神秘的色彩。

扣题本书，竞标方案的表现，想必大家已经参与过很多这种模式的项目，竞标对于建筑设计师来说是很重要的一个因素，考验的不仅是设计师的个人思维能力，更重要的是团队的整体素养，到了建筑表现的环节，同行们需要围绕设计师的思维来考虑对项目的深化处理，这时考验咱们的就是想法及创意，用来表达建筑的灵魂所在。所以对于同行们来说理解项目的初始阶段很重要。感觉建筑表现阶段需要各方面的专业知识及技巧、个人对美术色彩的修养、软件的熟练操作，新奇手法等方面的知识，查阅资料点亮自己的思维，锻炼并体现了同行们的综合能力，创造出富有内涵的作品。听很多朋友们说过中国的建筑表现行业在世界上来说也很前卫，行业从上世纪90年代初发展到现在步伐很快，软件对于多个行业的进步都起到了重要的作用。所以对于同行们来说建筑表现技术在不断变化提升，经过这些年的发展，行业的技术水平和服务质量都有了长足的进步，市场需求和技术的进步也促使专业建筑表现公司不断地开拓新的技术手法，使本行业向更深层次发展。

中国的建筑表现市场已经开始成熟了，各方面综合能力的强大是你存在于这个行业的基础，也是避免被竞争淘汰的武器，国家的发展对建筑行业一直都提供了很大的机遇，希望中讯公司提供的这个平台长久地发展下去，咱们一起来关注今年的《2012 竞标方案表现作品集成》，此平台为建筑表现的同行们保驾护航，咱们一起期待中国的建筑表现行业即将迎来的发展浪潮！

童连杰 ID：123tony
宁波市江北筑景建筑设计表现中心

有人说我好"炫色"，这个"好"字含有偏执成分。不过个人觉得这并没有坏处，相反由此产生我独特风格。

有人说我绘图玩"色彩"，这个"玩"字含有不屑的成分。不屑由他不屑，谁让我喜欢画图呢，"色彩"我自研究之。不过我个人觉得我并没有把颜色运用到极致，更没有把颜色运用到得心应手，我还只是停留在视觉感官享受的地步，这是十分肤浅的一步，画多了就感觉很不满足。

似乎我更应该帮助我们刚入行的"年轻"一代同行们，也许在那里我能得到更大的快乐。

沈阳
深圳市水木数码影像科技有限公司

时值公司成立十周年之际，欣闻上海中讯文化传播有限公司邀序，为新一套《2012 竞标方案表现作品集成》写点东西，思绪万千。辗转表现行业已经十年有余，酸甜苦辣个中滋味尽上心头，期间彷徨过、忧郁过、高兴过、洒脱过。可以说把人生中很宝贵的十年光阴都奉献给了无比伟大的建筑表现事业。

建筑表现行业无疑跟国家的建设发展息息相关，在中国大地上大举建设之时，就是表现行业蓬勃发展之际。但是任何事情发展都有自己的轨迹，2012 年可以说对于房地产和整个行业链就是一个挑战，对创业者来说公司只能前进不能后退，只能发展不能退缩。

曾几何时，对于何为好的作品标准迷茫过，做出一些有个性的效果图还是顺应客户要求的商业图，在两者之间作出平衡非常苦恼。随着年纪的增长，经验和阅历的累积，现在不再纠结这样一些问题，其实只有一种答案，那就是客户满意。既然是一个产品，总不能自以为曲高和寡，愿意高处不胜寒，从而一个人躲在角落里孤芳自赏。最后的结果只能是脱离社会，自寻烦恼。一张图的好坏当然是有标准的，但是表现形式是多样的，随着建筑表现的兴起，各个公司的图片作品在整体素质上已经很难拉开距离，但是注重细节（建筑模型的细部和灯光的细节）的处理，还是会让人眼前一亮。以后 10 年、20 年建筑表现的方式是什么，或者说以后这个行业的发展是如何的，谁也难说清。不过个人觉得，10 年、20 年后的建筑表现回归朴实、真实是一个趋势，摒弃过多不必要的装饰，减少不符合项目定位的花哨细节，就像欧美的一些效果图一样，强调建筑的形体、建筑和周围环境的融合、人在建筑中的感受才是最重要的，其它的配景都是其次的。

最后衷心希望地产的冬天早日离去，那个时候新一轮的机遇又会降临，也祝上海中讯《2012 竞标方案表现作品集成》出版成功。

总经理 张迺刚
天津景天汇影数字科技有限公司

首先感谢大家对本书的支持：建筑表现行业走到今天也经过了十多个年头了，规模、流程等各方面都经历了较大的变化，本人从事本行业多年，简单地和大家讨论一下行业的发展，希望对新入行的朋友有所帮助。

首先建筑表现这个行业和很多行业的不同之处就是需要一直学习和创新。本人要想做好建筑表现需要做好以下几点：建筑体量关系的塑造，整体画面色调的把握，颜色搭配，摄影机角度构图以及材质和光线的表现。虽然现在一般都是全模型渲染，很多人认为渲染技术是建筑表现中最为重要的步骤，其实一张优秀的建筑表现作品是技术和意识的结合，通过使用软件技术将美术方面的相关知识转化到计算机图像中，学会运用软件作为工具去完成作品是关键，好的艺术修养配合高超的软件技术是能制作出精华作品的最理想状态。平时多看一些摄影和美术书籍，提高自身的艺术修养是非常重要的。

希望从业者从自身的兴趣和工作责任心出发去完成每一张图，任何时间和条件都要尽自己能力去使其达到理想效果，不断思考，不断创新。制作的过程是一个改变和选择的过程，改变需要不断地创新和推翻自己，选择则是在众多方案中选取和舍弃，这两个过程是痛苦的过程，也是追求完美的过程，同时也是制作一幅优秀作品的必经之路。

学习软件是一件很有趣的事，它能够辅助你做出你想要的效果，不同的软件好像不同的画笔一样，只有真正地了解它才能把它发挥得淋漓尽致，同样的软件不同人使用得到的效果会差距很大，也是这个行业让人感兴趣的地方。

希望大家能以兴趣出发走上这个行业，同时也享受着整个工作的过程，经常转换的思维方式会带来很多新的启发，学习的旅途上失去多少和收获多少总不是单一存在的，带给大家最大的收获就是学会了创新，开动脑筋和变相思维。希望大家都能热爱自己选择的这个行业，不断地突破和提升自己。

住宅建筑
Housing Architecture

综合居住社区
Comprehensive Living Area
高层居住社区
High-rise Housing

① 东方溪谷 / 设计：上海 PRC 建筑咨询有限公司 / 绘制：上海瑞丝数字科技有限公司
② 江阴某项目 / 设计：上海米川建筑设计事务所 / 绘制：上海瑞丝数字科技有限公司

①

②

①

住宅建筑 /Housing Architecture

012/013 综合居住社区 /Comprehensive Living Area

① 南通某住宅 / 设计：上海 PRC 建筑咨询有限公司 / 绘制：上海瑞丝数字科技有限公司
② 梅岭住宅 / 设计：江西省建筑设计研究院 / 绘制：南昌浩瀚数字科技有限公司

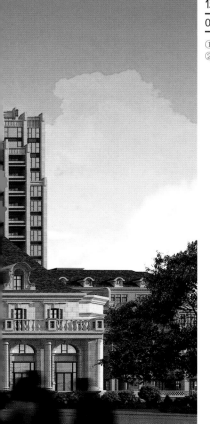

①

住宅建筑 / **Housing Architecture**

014/015 综合居住社区 / Comprehensive Living Area

① 南通某住宅 / 设计：上海 PRC 建筑咨询有限公司 / 绘制：上海瑞丝数字科技有限公司
② 某住宅 / 设计：上海 PRC 建筑咨询有限公司 / 绘制：上海瑞丝数字科技有限公司

住宅建筑 / Housing Architecture

中海大连项目 / 设计：上海水石国际 / 绘制：上海瑞丝数字科技有限公司

住宅建筑／Housing Architecture

018/019 综合居住社区／Comprehensive Living Area

① 创智天地／设计：上海天华建筑设计有限公司／绘制：丝路数码技术有限公司
② 南通某住宅／设计：上海 PRC 建筑咨询有限公司／绘制：上海瑞丝数字科技有限公司

③

住宅建筑 /**Housing Architecture**

020/021 综合居住社区 /Comprehensive Living Area

① 创智天地 / 设计：天华一所 / 绘制：丝路数码技术有限公司
② 含城皇都 / 设计：上海同建强华建筑设计有限公司 / 绘制：丝路数码技术有限公司
③ 常州华润国际社区 / 设计：华润地产 / 绘制：丝路数码技术有限公司

恩施某项目 / 设计：华都 / 绘制：丝路数码技术有限公司

① 青岛某项目 / 设计：上海筑博建筑设计有限公司 / 绘制：上海艺筑图文设计有限公司
② 福建永安某项目 / 设计：上海百致建筑设计有限公司 / 绘制：上海艺筑图文设计有限公司

住宅建筑 / Housing Architecture

026/027 综合居住社区 / Comprehensive Living Area

① 艾溪村 / 设计：江西省建筑设计研究院 / 绘制：南昌浩瀚数字科技有限公司
② 青岛某项目 / 设计：上海筑博建筑设计有限公司 / 绘制：上海艺筑图文设计有限公司

住宅建筑 / Housing Architecture

028/029 综合居住社区 / Comprehensive Living Area

江西抚州世纪城 / 设计：拙轩建筑设计有限公司 / 绘制：上海艺筑图文设计有限公司

江西抚州世纪城 / 设计：拙轩建筑设计有限公司 / 绘制：上海艺筑图文设计有限公司

住宅建筑 / **Housing Architecture**

032/033 综合居住社区 / Comprehensive Living Area

鞍山世贸中心 / 绘制: 上海赫智建筑设计有限公司

住宅建筑 /Housing Architecture

034/035 综合居住社区 /Comprehensive Living Area

① 淮南上品 / 设计：上海鼎实建筑设计有限公司 / 绘制：上海艺筑图文设计有限公司
② 鞍山世贸中心 / 绘制：上海赫智建筑设计有限公司

①

住宅建筑／Housing Architecture

036/037　综合居住社区／Comprehensive Living Area

① 舟山秀山岛黄金海岸／设计：舟山岱山恒通置业／绘制：宁波市江北筑景建筑设计表现中心
② 包头某住宅项目／设计：泛太平洋设计与发展有限公司／绘制：上海艺筑图文设计有限公司

①

住宅建筑 /Housing Architecture

038/039 综合居住社区 /Comprehensive Living Area

① 悦府三期 / 设计：深圳市鑫中建建筑设计顾问有限公司 / 绘制：上海翰境数码科技有限公司
② 舟山秀山岛黄金海岸 / 设计：舟山岱山恒通置业 / 绘制：宁波市江北筑景建筑设计表现中心

住宅建筑 /Housing Architecture

襄阳某项目 / 设计：中建 / 绘制：深圳市水木数码影像科技有限公司

杭州保利霞飞郡 / 设计：保利地产 / 绘制：杭州潘多拉数字科技有限公司

住宅建筑 / Housing Architecture

杭州保利霞飞郡 / 设计：保利地产 / 绘制：杭州潘多拉数字科技有限公司

①

①

②

③

④

住宅建筑 / **Housing Architecture**

046/047 综合居住社区 / Comprehensive Living Area

① 沈阳某小区 / 设计：宁高专 / 绘制：宁波市江北筑景建筑设计表现中心
② 山东济宁某项目 / 设计：澳大利亚 BBC 建筑景观工程设计公司 / 绘制：杭州炫蓝数字科技有限公司
③ 某项目 / 绘制：深圳市异时空电脑艺术设计有限公司
④ 杭州保利霞飞郡 / 设计：保利地产 / 绘制：杭州潘多拉数字科技有限公司

住宅建筑 / Housing Architecture

048/049 综合居住社区 / Comprehensive Living Area

绍兴保利湖畔林语 / 设计：保利地产 / 绘制：杭州潘多拉数字科技有限公司

住宅建筑 /Housing Architecture

050/051 综合居住社区 /Comprehensive Living Area

梅州某项目 / 绘制：上海赫智建筑设计有限公司

住宅建筑 /Housing Architecture

054/055 综合居住社区 /Comprehensive Living Area

① 连云港某项目 / 绘制：上海赫智建筑设计有限公司
② 万科泰州周山河项目 / 绘制：上海翰境数码科技有限公司

住宅建筑 / Housing Architecture

056/057 综合居住社区 / Comprehensive Living Area

万科泰州周山河项目 / 绘制：上海翰境数码科技有限公司

住宅建筑 / Housing Architecture

058/059 综合居住社区 / Comprehensive Living Area

① 山东淄博淄川项目方案二 / 绘制：上海赫智建筑设计有限公司
② 张家港中锐项目 / 设计：日清国际 / 绘制：上海翰境数码科技有限公司

①

住宅建筑 /Housing Architecture

060/061 综合居住社区 /Comprehensive Living Area

① 巢湖某项目 / 设计：中联程泰宁建筑设计研究院 / 绘制：上海艺筑图文设计有限公司
② 海南某项目 / 绘制：上海赫智建筑设计有限公司

②

住宅建筑 / Housing Architecture

062/063 综合居住社区 / Comprehensive Living Area

① 东湖新城 / 设计：上海海珠建筑设计有限公司 / 绘制：上海艺筑图文设计有限公司
② 巢湖某项目 / 设计：中联程泰宁建筑设计研究院 / 绘制：上海艺筑图文设计有限公司

总建筑面积约60万平方米

垂水说图

主宅建筑 / **Housing Architecture**

064/065 综合居住社区 / Comprehensive Living Area

① 颐龙湾动画 / 绘制：上海一石数码科技有限公司
② 旺汇一品动画 / 绘制：上海一石数码科技有限公司

②

①

①

①

②

住宅建筑 / Housing Architecture

066/067 综合居住社区 / Comprehensive Living Area

① 三角洲国际广场 / 设计：上海百致建筑设计有限公司 / 绘制：上海艺筑图文设计有限公司
② 宜兴万达项目 / 设计：泛太平洋设计与发展有限公司 / 绘制：上海艺筑图文设计有限公司

三角洲国际广场 / 设计：上海百致建筑设计有限公司 / 绘制：上海艺筑图文设计有限公司

③

住宅建筑 /Housing Architecture

070/071 综合居住社区 /Comprehensive Living Area

① 泰华项目 / 设计：上海百致建筑设计有限公司 / 绘制：上海艺筑图文设计有限公司
② 青岛青特 / 设计：上海鼎实建筑设计有限公司 / 绘制：上海艺筑图文设计有限公司
③ 慈溪保利滨湖天地 / 设计：保利地产 / 绘制：杭州潘多拉数字科技有限公司

住宅建筑 /Housing Architecture

072/073 综合居住社区 /Comprehensive Living Area

泰华项目 / 设计：上海百致建筑设计有限公司 / 绘制：上海艺筑图文设计有限公司

①

②

住宅建筑 /Housing Architecture

074/075 综合居住社区 /Comprehensive Living Area

① 余姚保利广场 / 设计：浙江华坤建筑设计院有限公司 / 绘制：杭州炫蓝数字科技有限公司
② 伊美翡翠城 / 设计：巨方图像 / 绘制：杭州炫蓝数字科技有限公司

住宅建筑 / Housing Architecture

076/077 综合居住社区 / Comprehensive Living Area

鄂尔多斯移民村 / 设计：上海海珠建筑设计有限公司 / 绘制：上海艺筑图文设计有限公司

住宅建筑 /Housing Architecture

078/079 综合居住社区 /Comprehensive Living Area

凯旋门项目 / 设计：深圳市同济人建筑设计有限公司 / 绘制：深圳市原创力数码影像设计有限公司

万科嘉兴项目 / 绘制：上海翰境数码科技有限公司

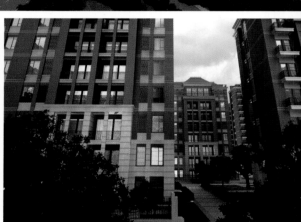

住宅建筑 / **Housing Architecture**

084/085 综合居住社区 / Comprehensive Living Area

上海中粮住宅项目 / 设计：中森建筑 / 绘制：上海翰境数码科技有限公司

住宅建筑 /Housing Architecture

086/087 综合居住社区 /Comprehensive Living Area

上海中粮住宅项目 / 设计：中森建筑 / 绘制：上海翰境数码科技有限公司

宁波集港项目 / 设计：北京 SYN 建筑社稷 朱迎暄 / 绘制：映像社稷（北京）数字科技有限责任公司

住宅建筑 / **Housing Architecture**

090/091　综合居住社区 / Comprehensive Living Area

五星云祥桥南地块项目 / 设计: 日清国际 / 绘制: 上海翰境数码科技有限公司

五星云祥桥南地块项目 / 设计 ⁊ 恒境国际 / 绘制：上海翰境数码科技有限公司

住宅建筑 /**Housing Architecture**

<u>094/095 综合居住社区 /Comprehensive Living Area</u>

上海中粮项目 / 设计：日清国际 / 绘制：上海翰境数码科技有限公司

漕河泾某项目 / 设计：天华建筑设计有限公司 / 绘制：上海翰境数码科技有限公司

①

①

①

②

住宅建筑 / Housing Architecture

100/101 综合居住社区 / Comprehensive Living Area

① 云翔桥北地块项目 / 设计：日清国际 / 绘制：上海翰境数码科技有限公司
② 厦门湾一号 / 设计：上海泛亚设计有限公司 / 绘制：上海艺筑图文设计有限公司
③ 安徽某项目 / 绘制：上海翰境数码科技有限公司
④ 漕河泾某公租房项目 / 设计：天华建筑设计有限公司 / 绘制：上海翰境数码科技有限公司

①

住宅建筑 /Housing Architecture

① 漕河泾某公租房项目 / 设计：天华建筑设计有限公司 / 绘制：上海翰境数码科技有限公司
② 某住宅 / 设计：上海众鑫建筑设计研究院 / 绘制：上海域言建筑设计咨询有限公司
③ 启东某住宅 / 设计：上海复东建筑设计有限公司 / 绘制：上海艺筑图文设计有限公司

①

②

①

住宅建筑 /**Housing Architecture**

104/105 综合居住社区 /Comprehensive Living Area

金德地产——小黑河项目 /设计：来益源建筑规划设计有限公司 /绘制：上海瀚坡数码科技有限公司

住宅建筑 / Housing Architecture

① 镇江某安置房项目 / 设计：上海中森设计院 / 绘制：上海翰境数码科技有限公司
② 塘下项目 / 设计：上海帝奥建筑设计有限公司 / 绘制：上海艺筑图文设计有限公司

住宅建筑 ∕Housing Architecture

108/109 综合居住社区 ∕Comprehensive Living Area

常州龙湖项目 ∕设计：日清国际 ∕绘制：上海翰境数码科技有限公司

住宅建筑 /Housing Architecture

110/111 综合居住社区 /Comprehensive Living Area

常州龙湖项目 / 设计：日清国际 / 绘制：上海翰境数码科技有限公司

住宅建筑 /Housing Architecture

112/113 综合居住社区 /Comprehensive Living Area

九龙项目 / 设计：天华建筑设计有限公司 / 绘制：上海翰境数码科技有限公司

①

①

①

①

①

②

① 江门某项目 / 设计：日清国际 / 绘制：上海翰境数码科技有限公司
② 上海雅宾利 / 设计：上海天华建筑设计有限公司 / 绘制：丝路数码技术有限公司

住宅建筑 /Housing Architecture

龙湖万科项目 / 设计：日清国际 / 绘制：上海翰境数码科技有限公司

住宅建筑 / Housing Architecture

① 郑州中海小区 / 绘制：上海翰境数码科技有限公司
② 龙湖万科项目 / 设计：日清国际 / 绘制：上海翰境数码科技有限公司

①

①

①

②

住宅建筑 / Housing Architecture

120/121　综合居住社区 / Comprehensive Living Area

郑州中海小区 / 绘制：上海翰境数码科技有限公司

住宅建筑 / **Housing Architecture**

① 某项目 / 绘制：北京屹巅时代建筑艺术设计有限公司
② 郑州中海小区 / 绘制：上海翰境数码科技有限公司

②

②

②

②

住宅建筑 / Housing Architecture

124/125 综合居住社区 / Comprehensive Living Area

哈尔滨星浩项目 / 设计：天华建筑设计有限公司 / 绘制：上海翰境数码科技有限公司

住宅建筑 /Housing Architecture

126/127 综合居住社区 /Comprehensive Living Area

① 泉州某项目 / 设计：深圳市栖境建筑设计有限公司 / 绘制：深圳市原创力数码影像设计有限公司
② 富临某住宅 / 设计：四川省建筑设计研究院 A1 工作室 / 绘制：成都市亿点数码艺术设计有限公司
③ 某项目 / 绘制：北京屹巅时代建筑艺术设计有限公司

住宅建筑 / Housing Architecture

128/129 综合居住社区 / Comprehensive Living Area

① 金地某项目 / 设计：汉沙杨深圳公司 / 绘制：深圳市原创力数码影像设计有限公司
② 哈尔滨某住宅 / 绘制：深圳市异时空电脑艺术设计有限公司
③ 富临某住宅 / 设计：四川省建筑设计研究院 A1 工作室 / 绘制：成都市亿点数码艺术设计有限公司

③

住宅建筑 /Housing Architecture

130/131 综合居住社区 /Comprehensive Living Area

蚌埠琥珀新天地 / 设计：深圳加华创源建筑设计公司 / 绘制：深圳市原创力数码影像设计有限公司

住宅建筑 / Housing Architecture

① 嘉园北地块项目 / 设计：德阳宏基原创建筑设计有限公司 / 绘制：成都市亿点数码艺术设计有限公司
② 广汉项目 / 设计：德阳宏基原创建筑设计有限公司 / 绘制：成都市亿点数码艺术设计有限公司

住宅建筑 /Housing Architecture

134/135 综合居住社区 /Comprehensive Living Area

花木项目 / 绘制：上海赫智建筑设计有限公司

住宅建筑 / **Housing Architecture**

136/137 综合居住社区 / Comprehensive Living Area

① 晨明集团住宅投标 / 设计：江南院 / 绘制：成都市亿点数码艺术设计有限公司
② 大同绿地住宅 / 设计：中联程泰宁建筑设计研究院 / 绘制：上海艺筑图文设计有限公司

住宅建筑 / **Housing Architecture**

格力住宅 / 设计：日清国际 / 绘制：上海翰境数码科技有限公司

住宅建筑 / Housing Architecture

142/143 综合居住社区 / Comprehensive Living Area

格力住宅 / 设计：日清国际 / 绘制：上海翰境数码科技有限公司

住宅建筑 / **Housing Architecture**

144/145 综合居住社区 / Comprehensive Living Area

格力住宅 / 设计：日清国际 / 绘制：上海翰境数码科技有限公司

住宅建筑 / Housing Architecture

146/147 综合居住社区 / Comprehensive Living Area

江门某项目 / 设计：日清国际 / 绘制：上海翰境数码科技有限公司

江门某项目 / 设计：日清国际 / 绘制：上海翰境数码科技有限公司

住宅建筑 /**Housing Architecture**

150/151 综合居住社区 /Comprehensive Living Area

金地某花园洋房 / 设计：日清国际 / 绘制：上海翰境数码科技有限公司

① 金地某花园洋房 / 设计：日清国际 / 绘制：上海翰境数码科技有限公司
② 江阴某项目 / 绘制：上海翰境数码科技有限公司

①

①

①

①

②

住宅建筑 / Housing Architecture

154/155 综合居住社区 / Comprehensive Living Area

贵阳万科项目 / 设计：日清国际 / 绘制：上海翰境数码科技有限公司

住宅建筑／**Housing Architecture**

156/157 综合居住社区／Comprehensive Living Area

贵阳万科项目／设计：日清国际／绘制：上海翰境数码科技有限公司

住宅建筑 /Housing Architecture

160/161 综合居住社区 /Comprehensive Living Area

乐山五通桥 / 绘制：成都市亿点数码艺术设计有限公司

溧阳新城 / 设计：四川省建筑设计研究院 A1 工作室 /
绘制：成都市亿点数码艺术设计有限公司

①

②

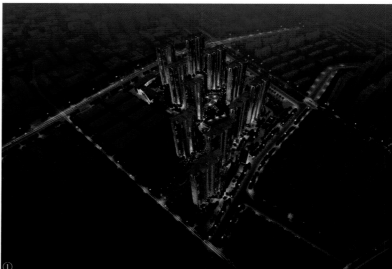

①

住宅建筑 /Housing Architecture

164/165 综合居住社区 /Comprehensive Living Area

① 五星地块住宅项目 / 设计：日清国际 / 绘制：上海翰境数码科技有限公司
② 云南某住宅 / 设计：深圳万脉世纪建筑设计 / 绘制：深圳市水木数码影像科技有限公司

住宅建筑 / Housing Architecture

166/167 综合居住社区 / Comprehensive Living Area

某投标项目 / 设计：清华苑 / 绘制：成都市亿点数码艺术设计有限公司

住宅建筑 / Housing Architecture

① 某投标项目 / 设计：清华苑 / 绘制：成都市亿点数码艺术设计有限公司
② 某项目 / 设计：东南大学建筑设计研究院深圳分院 朱斗 / 绘制：深圳市宜百利艺术设计有限公司
③ 某住宅 / 设计：清华苑 / 绘制：成都市亿点数码艺术设计有限公司

住宅建筑 / Housing Architecture

170/171 综合居住社区 / Comprehensive Living Area

某住宅 / 设计：清华苑 / 绘制：成都市亿点数码艺术设计有限公司

住宅建筑 /Housing Architecture

172/173 综合居住社区 /Comprehensive Living Area

① 长沙某项目 / 设计：筑远天成建筑设计有限公司 罗玉磊 黎工 / 绘制：深圳市宜百利艺术设计有限公司
② 龙岗某住宅项目 / 设计：深圳市森磊源建筑设计有限公司 陈晖 / 绘制：深圳市宜百利艺术设计有限公司

①

①

②

住宅建筑 /Housing Architecture

174/175 综合居住社区 /Comprehensive Living Area

成都万华项目 / 设计：邓晓科 / 绘制：深圳市原创力数码影像设计有限公司

①

住宅建筑 / Housing Architecture

176/177 综合居住社区 / Comprehensive Living Area

① 某住宅小区 / 设计：天津市亚库建源建筑规划设计有限公司 / 绘制：天津瀚梵文化传播有限公司
② 仁寿某住宅 / 设计：大陆建筑设计有限公司 / 绘制：浩瀚图像设计有限公司

①

住宅建筑 / Housing Architecture

178/179 综合居住社区 / Comprehensive Living Area

① 天津某项目 / 绘制：上海赫智建筑设计有限公司
② 三台某项目 / 设计：四川大卫建筑设计有限公司 / 绘制：成都市亿点数码艺术设计有限公司

①

①

①

②

②

住宅建筑 /Housing Architecture

180/181 综合居住社区 /Comprehensive Living Area

① 曹县上海金外滩 / 设计：新加坡 SGP 建筑设计事务所 陆连兴 / 绘制：上海蓝典环境艺术设计有限公司
② 都江堰某项目 / 设计：上海景易建筑规划设计有限公司 施政 / 绘制：上海蓝典环境艺术设计有限公司

住宅建筑 /Housing Architecture

182/183 综合居住社区 /Comprehensive Living Area

绵阳文全项目 / 设计：南方设计院 / 绘制：成都市亿点数码艺术设计有限公司

184/185 综合居住社区 / Comprehensive Living Area

石家庄拉美国际城 / 设计：北京新纪元建筑工程设计有限公司 章振田 / 绘制：西林温泉（北京）咨询服务有限公司

住宅建筑 / Housing Architecture

186/187 综合居住社区 / Comprehensive Living Area

川投项目 / 设计：四川省建筑设计研究院曹波工作室 / 绘制：成都市亿点数码艺术设计有限公司

① 泰兴国际／设计：胡浩／绘制：浩瀚图像设计有限公司
② 都市花园二期／设计：袁森／绘制：浩瀚图像设计有限公司

①

佛罗伦萨小镇 / 设计：天津市亚库建源建筑规划设计有限公司 / 绘制：天津瀚梵文化传播有限公司

住宅建筑
Housing Architecture

综合居住社区
Comprehensive Living Area
高层居住社区
High-rise Housing

A COLLECTION OF ARCHITECTURAL COMPETITION SUBMISSIONS

竞标方案表现竞赛集成

① 盐城大丰项目 / 设计：杭州原塑建筑设计有限公司 / 绘制：杭州天朗数码影像设计有限公司
② 安吉小区 / 设计：杭州原塑建筑设计有限公司 吴健 / 绘制：杭州天朗数码影像设计有限公司

①

②

住宅建筑 /**Housing Architecture**

194/195 高层居住社区 /High-rise Housing

① 鄂尔多斯某住宅 / 设计：凯达环球 / 绘制：丝路数码技术有限公司
② 盐城某项目 / 设计：上海核工程研究设计院 / 绘制：丝路数码技术有限公司

金地杭州萧山项目 / 设计：上海致逸建筑设计有限公司 / 绘制：上海翰境数码科技有限公司

①

住宅建筑 / Housing Architecture

198/199 高层居住社区 / High-rise Housing

① 金地常州项目 / 绘制：上海翰境数码科技有限公司
② 金地杭州萧山项目 / 设计：上海致逸建筑设计有限公司 / 绘制：上海翰境数码科技有限公司
③ 万科城 K 栋住宅楼 / 设计：天华建筑设计有限公司 / 绘制：上海翰境数码科技有限公司

①

住宅建筑 / Housing Architecture

200/201 高层居住社区 / High-rise Housing

① 金地常州项目 / 绘制：上海翰境数码科技有限公司
② 云南万家花园 / 设计：上海其间建筑设计有限公司 廖邦杰 / 绘制：上海谦和建筑设计有限公司
③ 天津某项目 / 绘制：上海翰境数码科技有限公司

万科城 K 栋住宅楼 / 设计：天华建筑设计有限公司 / 绘制：上海翰境数码科技有限公司

① 金地杭州萧山项目方案二 / 设计：上海致逸建筑设计有限公司 / 绘制：上海翰境数码科技有限公司
② 某项目 / 设计：上海水石国际 / 绘制：上海瑞丝数字科技有限公司
③ 常州金地项目 / 设计：上海致逸建筑设计有限公司 / 绘制：上海翰境数码科技有限公司
④ 中海银川项目 / 设计：上海水石国际 / 绘制：上海瑞丝数字科技有限公司

①

②

③

④

住宅建筑 /**Housing Architecture**

206/207 高层居住社区 /High-rise Housing

西安某小区 / 设计：上海栖地国际设计有限公司 / 绘制：上海艺筑图文设计有限公司

西安华宇阎良商住小区 / 设计：李工 / 绘制：上海艺筑图文设计有限公司

住宅建筑 /Housing Architecture

210/211 高层居住社区 /High-rise Housing

天津某项目 / 绘制 · 上海翰境数码科技有限公司

住宅建筑 /Housing Architecture

212/213 高层居住社区 /High-rise Housing

① 山东淄博淄川项目 / 绘制：上海赫智建筑设计有限公司
② 某住宅 / 绘制：上海赫智建筑设计有限公司

住宅建筑 / **Housing Architecture**

214/215 高层居住社区 / High-rise Housing

嘉定江桥某小区 / 绘制：上海赫智建筑设计有限公司

住宅建筑/Housing Architecture

216/217 高层居住社区 /High-rise Housing

① 山西太谷住宅 / 设计：北京 SYN 建筑社颐 邹迎晞 / 绘制：
② 老挝某项目 / 设计：果核 / 绘制：丝路数码技术有限公司
③ 滕州某小区 / 设计：浙江中净丁程设计有限公司 我仰仰 / 绘制： 杭州创见数码噢络冷计有限公司

①

①

②

① 阳光丽园 / 设计：宁波广博建设开发有限公司 / 绘制：宁波市江北筑景建筑设计表现中心
② 山东东营某住宅 / 设计：上海刘志筠建筑设计事务所 / 绘制：上海艺筑图文设计有限公司

①

住宅建筑 / **Housing Architecture**

222/223 高层居住社区 / High-rise Housing

① 银河名苑 / 设计：开元置业 / 绘制：宁波市江北筑景建筑设计表现中心
② 阳光丽园 / 设计：宁波广博建设开发有限公司 / 绘制：宁波市江北筑景建筑设计表现中心

住宅建筑 / Housing Architecture

224/225 高层居住社区 / High-rise Housing

① 银河名苑 / 设计：开元置业 / 绘制：宁波市江北筑景建筑设计表现中心
② 某玻璃厂地块住宅项目 / 设计：北京 SYN 建筑社稷 邹迎晞 / 绘制：映像社稷（北京）数字科技有限责任公司
③ 象山某小区 / 绘制：宁波市江北筑景建筑设计表现中心

住宅建筑 /Housing Architecture

① 银河名苑 / 设计：开元置业 / 绘制：宁波市江北筑景建筑设计表现中心
② 安吉某住宅 / 设计：中科院建筑设计研究院有限公司 / 绘制：杭州炫蓝数字科技有限公司
③ 某小区 / 设计：宁波市建筑设计研究院 / 绘制：宁波市江北筑景建筑设计表现中心

① 滨海西路某项目

住宅建筑 /Housing Architecture

① 滨海西路某项目 / 设计：上海米川建筑设计事务所 / 绘制：上海瑞丝数字科技有限公司
② 惊驾路某小区 / 设计：宁波市建筑设计研究院 / 绘制：宁波市江北筑景建筑设计表现中心
③ 三七市镇某小区 / 设计：迪赛 / 绘制：宁波市江北筑景建筑设计表现中心

②

住宅建筑 / **Housing Architecture**

230/231 高层居住社区 / High-rise Housing

① 御龙湾 / 设计：颐郎联合 / 绘制：丝路数码技术有限公司
② 某小区 / 绘制：合肥东方石图像文化有限公司
③ 小凌河地块项目 / 设计：智合建筑设计 / 绘制：上海一石数码科技有限公司

①

① Art Deco 高层住宅 / 设计：陈总设计师 / 绘制：天津景天汇影数字科技有限公司
② 景德镇西门子住宅项目 / 设计：江西省建筑设计研究院 / 绘制：南昌浩瀚数字科技有限公司

① 山东东营北一路 E 地块高层住宅 / 设计：上海百致建筑设计有限公司 / 绘制：上海艺筑图文设计有限公司
② 寿光某项目 / 设计：上海百致建筑设计有限公司 / 绘制：上海艺筑图文设计有限公司
③ 某项目 / 绘制：上海翰境数码科技有限公司

①

① 某项目 / 绘制：北京屹巅时代建筑艺术设计有限公司
② 慧丰二期 / 设计：浙江省建筑科学设计研究院 李向东 / 绘制：杭州创昱数码图像设计有限公司

住宅建筑 / Housing Architecture

238/239 高层居住社区 / High-rise Housing

① 仙居美项目 / 设计：泛太平洋设计与发展有限公司 / 绘制：北京昭辆时代建筑艺术设计有限公司
② 某项目 / 绘制：上海艺筑图文设计有限公司
③ 湖北襄家湾住宅小区 / 设计：澳大利亚 BBC 建筑景观工程设计公司 / 绘制：杭州炫蓝数字科技有限公司

住宅建筑 / Housing Architecture

240/241 高层居住社区 / High-rise Housing

① 某工具厂地块住宅项目 / 设计：瀚雅建筑景观设计（上海）有限公司 王庆红 / 绘制：上海皓翊数码科技有限公司
② 萧林小区 / 绘制：上海海纳建筑动画

①

②

① 山东某小区 / 设计：上海协宇建筑设计有限公司 孔晓健 / 绘制：上海谦和建筑设计有限公司

② 汤逊湖 / 设计：中建上海院 / 绘制：上海海纳建筑动画

住宅建筑 /Housing Architecture
244/245 高层居住社区 /High-rise Housing

大同某住宅 / 设计：上海同建强华建筑设计有限公司 王淞淞 / 绘制：上海谦和建筑设计有限公司

住宅建筑 /**Housing Architecture**

246/247　高层居住社区 /High-rise Housing

① 赤峰某项目 / 设计：上海海珠建筑设计有限公司 / 绘制：上海艺筑图文设计有限公司
② 哈尔滨某项目 / 设计：祁燕阳 / 绘制：上海蓝艺建筑表现有限公司

住宅建筑 ／**Housing Architecture**

248/249 高层居住社区 ／High-rise Housing

① 淮安城中花园 / 设计：严工 / 绘制：上海艺筑图文设计有限公司
② 丹桂苑 / 设计：江西省建筑设计研究院 / 绘制：南昌浩瀚数字科技有限公司
③ 南宁某住宅 / 绘制：上海千暮数码科技有限公司

住宅建筑 / Housing Architecture

250/251 高层居住社区 / High-rise Housing

① 山西某小区 / 设计：上海海珠建筑设计有限公司 / 绘制：上海艺筑图文设计有限公司
② 虎门某项目 / 设计：深圳市森磊源建筑设计有限公司 陈晖 / 绘制：深圳市宜百利艺术设计有限公司
③ 闸北区中华新路华鑫花园项目 / 设计：上海中建建筑设计院有限公司 / 绘制：上海艺筑图文设计有限公司

常州金地项目 / 设计：上海致逸建筑设计有限公司 / 绘制：上海翰境数码科技有限公司

住宅建筑 / **Housing Architecture**

254/255　高层居住社区 / High-rise Housing

①武汉百瑞景 / 设计：泛太平洋设计与发展有限公司 / 绘制：上海艺筑图文设计有限公司

②玲珑湾 / 设计：天华建筑设计有限公司 / 绘制：上海翰境数码科技有限公司

住宅建筑 /Housing Architecture

金地杭州萧山项目 / 设计：上海致逸建筑设计有限公司 / 绘制：上海翰境数码科技有限公司

① 武汉金色城市 / 设计：天华建筑设计有限公司 / 绘制：上海翰境数码科技有限公司
① ② 武汉万科长征村 / 设计：天华建筑设计有限公司 / 绘制：上海翰境数码科技有限公司

①

①

②

①

①

住宅建筑 /Housing Architecture

260/261 高层居住社区 /High-rise Housing

① 海门运杰项目 / 设计：杰盟建筑设计咨询（上海）有限公司 / 绘制：上海翰境数码科技有限公司
② 嘉宝梦之湾 / 设计：日清国际 / 绘制：上海翰境数码科技有限公司

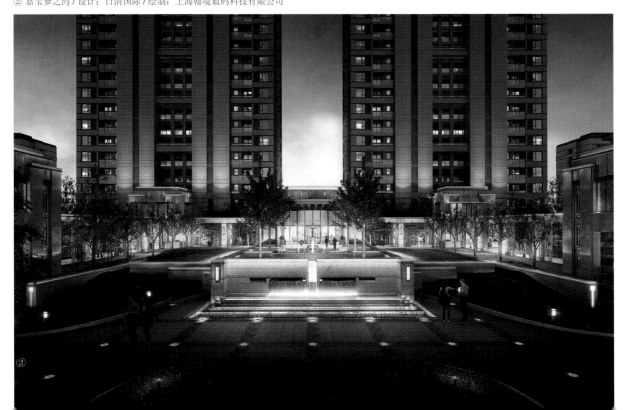

住宅建筑 /**Housing Architecture**

262/263 高层居住社区 /*High-rise Housing*

嘉宝梦之湾 / 设计：日清国际 / 绘制：上海翰境数码科技有限公司

住宅建筑 / Housing Architecture

264/265 高层居住社区 / High-rise Housing

沈抚新城 / 绘制：上海赫智建筑设计有限公司

①

①

②

②

① 北仑安置小区 / 设计：华展设计 / 绘制：宁波市江北筑景建筑设计表现中心
② 沈抚新城 / 绘制：上海赫智建筑设计有限公司

住宅建筑 /Housing Architecture

270/271 高层居住社区 /High-rise Housing

① 成都九龙仓御园 / 绘制：成都公园工作室
② 华都水岸蓝庭 / 设计：澳大利亚 BBC 建筑景观工程设计公司 / 绘制：杭州炫蓝数字科技有限公司
③ 洪塘某项目 / 设计：东方院 / 绘制：宁波市江北筑景建筑设计表现中心

②

③

①

①

②

③

③

③

住宅建筑 / Housing Architecture

272/273 高层居住社区 / High-rise Housing

① 某住宅二期 / 绘制：上海赫智建筑设计有限公司
② 某住宅 / 设计：东南大学建筑设计研究院深圳分院 朱斗 / 绘制：深圳市宜百利艺术设计有限公司
③ 某项目 / 绘制：北京屹巅时代建筑艺术设计有限公司

① ②

住宅建筑 /Housing Architecture

274/275 高层居住社区 /High-rise Housing

① 瑞昌某项目 / 设计：泛太平洋设计与发展有限公司 / 绘制：上海千睿数码科技有限公司
② 春华苑 / 绘制：上海千睿数码科技有限公司
③ 洛阳丰鑫小区 / 设计：洛阳市规划设计研究院，荆炼 / 绘制：洛阳张涵数码影像技术开发有限公司
④ 新疆乌鲁木齐某项目 / 设计：上海沐皓建筑设计有限公司 / 绘制：上海艺筑图文设计有限公司
⑤ 新密东城半岛 / 设计：厦门阳元建筑设计有限公司 / 绘制：上海艺筑图文设计有限公司
⑥ 甘肃建投爱家苑项目 / 绘制：上海千睿数码科技有限公司

① 龙口某项目 / 绘制：上海赫智建筑设计有限公司
② 黄河路地块住宅 / 设计：德阳宏基原创建筑设计有限公司 / 绘制：成都市亿点数码艺术设计有限公司
③ 钰鼎园 / 设计：银亿 / 绘制：宁波市江北筑景建筑设计表现中心

①

银亿钰鼎园

住宅建筑 / **Housing Architecture**

278/279 高层居住社区 / High-rise Housing

① 滨海西路某项目 / 设计：上海米川建筑设计事务所 / 绘制：上海瑞丝数字科技有限公司
② 厦门某高层住宅 / 设计：上海水石国际 / 绘制：上海瑞丝数字科技有限公司

住宅建筑 /Housing Architecture

280/281 高层居住社区 /High-rise Housing

① 某项目 / 设计：UIG ARCHITECTS / 绘制：上海翰境数码科技有限公司
② 金地绍兴项目 / 设计：日清国际 / 绘制：上海翰境数码科技有限公司

①

①

②

① 青岛保利项目 / 设计：日清国际 / 绘制：上海翰境数码科技有限公司
② 上海徐虹北路项目 / 设计：日清国际 / 绘制：上海翰境数码科技有限公司

住宅建筑／**Housing Architecture**

284/285 高层居住社区／High-rise Housing

① 上海徐虹北路项目／设计：日清国际／绘制：上海翰境数码科技有限公司
② 富力哈尔滨项目／设计：上海致逸建筑设计有限公司／绘制：上海翰境数码科技有限公司

①

①

①

①

②

富力哈尔滨项目 / 设计：上海致逸建筑设计有限公司 / 绘制：上海翰境数码科技有限公司

①

住宅建筑 /**Housing Architecture**

288/289　高层居住社区 /High-rise Housing

① 成都东村项目 / 设计：天华建筑设计有限公司 / 绘制：上海翰境数码科技有限公司
② 富力哈尔滨项目 / 设计：上海致逸建筑设计有限公司 / 绘制：上海翰境数码科技有限公司
③ 花木项目 / 设计：杰盟建筑咨询（上海）有限公司 / 绘制：上海翰境数码科技有限公司
④ 武汉百瑞景 / 设计：泛太洋设计与发展有限公司 / 绘制：上海艺筑图文设计有限公司

②

②

住宅建筑 /Housing Architecture

南新街住宅 / 设计：库博设计 / 绘制：深圳市华影图像设计有限公司

住宅建筑 / **Housing Architecture**

292/293 高层居住社区 / High-rise Housing

① 安徽蚌埠某项目 / 设计：日清国际 / 绘制：上海翰境数码科技有限公司
② 佛山金域蓝湾 / 设计：日清国际 / 绘制：上海翰境数码科技有限公司

住宅建筑 / Housing Architecture

294/295 高层居住社区 / High-rise Housing

佛山金域蓝湾 / 设计：日清国际 / 绘制：上海翰境数码科技有限公司

住宅建筑 /Housing Architecture

296/297 高层居住社区 /High-rise Housing

佛山金域蓝湾 / 设计：日清国际 / 绘制：上海翰境数码科技有限公司

住宅建筑 /**Housing Architecture**

298/299 高层居住社区 /*High-rise Housing*

贵阳万科小河动力厂地块住宅方案二 / 设计：日清国际 / 绘制：上海翰境数码科技有限公司

住宅建筑 /**Housing Architecture**

300/301 高层居住社区 /High-rise Housing

贵阳万科小河动力厂地块住宅方案二 / 设计：日清国际 / 绘制：上海翰境数码科技有限公司

住宅建筑 / Housing Architecture

304/305 高层居住社区 / High-rise Housing

① 上海耀华路安置房项目 / 设计：天华建筑设计有限公司 / 绘制：上海翰境数码科技有限公司
② 珠海某住宅 / 设计：日清国际 / 绘制：上海翰境数码科技有限公司

① 武汉名流二期方案二 / 设计：日清国际 / 绘制：上海翰境数码科技有限公司
② 长岛某项目 / 设计：辽宁金海建筑设计研究院有限公司 / 绘制：上海翰境数码科技有限公司

①

②

住宅建筑 /Housing Architecture

308/309 高层居住社区 /High-rise Housing

名流二期方案一 / 设计：日清国际 / 绘制：上海翰戈数码科技有限公司

②

住宅建筑 / **Housing Architecture**

310/311 高层居住社区 /High-rise Housing

① 名流二期方案一设计: 日清国际 /绘制: 上海翰境数码科技有限公司
② 嘉定新城某住宅 /设计: 天华建筑设计有限公司 /绘制: 上海翰境数码科技有限公司

②

地杰项目方案一 / 设计：日清国际 / 绘制：上海翰境数码科技有限公司

住宅建筑 / Housing Architecture

314/315 高层居住社区 / High-rise Housing

地杰项目方案一 / 设计：日清国际 / 绘制：上海翰境数码科技有限公司

住宅建筑 / **Housing Architecture**

318/319 高层居住社区 / High-rise Housing

① 哈尔滨某项目 / 设计：天华建筑设计有限公司 / 绘制：上海翰境数码科技有限公司
② 苏州某住宅 / 设计：LWK / 绘制：深圳市水木数码影像科技有限公司
③ 南昌某住宅 / 设计：LWK / 绘制：深圳市水木数码影像科技有限公司

住宅建筑 /**Housing Architecture**

320/321 高层居住社区 /High-rise Housing

青岛某项目 / 设计：日清国际 / 绘制：上海翰境数码科技有限公司

青岛某项目 / 设计：日清国际 / 绘制：上海翰境数码科技有限公司

住宅建筑 / **Housing Architecture**

324/325 高层居住社区 / High-rise Housing

青岛保利项目 / 设计：日清国际 / 绘制：上海翰境数码科技有限公司

住宅建筑 / Housing Architecture

326/327 高层居住社区 /High-rise Housing

青岛保利项目 / 设计：日清国际 / 绘制：上海瀚戎数码科技有限公司

住宅建筑 /**Housing Architecture**

328/329 高层居住社区 /High-rise Housing

苏州木渎项目方案一 / 设计：日清国际 / 绘制：上海翰境数码科技有限公司

①

②

②

②

住宅建筑 /Housing Architecture

330/331 高层居住社区 /High-rise Housing

① 三和南湖世纪 / 设计：成都万汇建筑设计有限公司 / 绘制：成都市亿点数码艺术设计有限公司
② 盛源住宅三期 / 设计：天华建筑设计有限公司 / 绘制：上海翰境数码科技有限公司

① 武汉百瑞景 / 设计：泛太平洋设计与发展有限公司 / 绘制：上海艺筑图文设计有限公司

① 武汉百瑞景 / 设计：泛太平洋设计与发展有限公司 / 绘制：上海艺筑图文设计有限公司
② 宿迁金鹰 / 设计：泛太平洋设计与发展有限公司 / 绘制：上海艺筑图文设计有限公司

欣达小白村项目 / 设计：北京 SYN 建筑社稷 邹迎晞 / 绘制：映像社稷（北京）数字科技有限责任公司

住宅建筑 / Housing Architecture

336/337 高层居住社区 / High-rise Housing

① 武汉某住宅 / 设计：上海大橡建筑设计事务所 / 绘制：上海鼎盛建筑设计有限公司
② 仙居某项目 / 设计：泛太平洋设计与发展有限公司 / 绘制：上海艺筑图文设计有限公司

①

②

②

住宅建筑 /Housing Architecture

338/339 高层居住社区 /High-rise Housing

① 万达海河住宅 / 设计：天津华汇工程建筑设计有限公司 / 绘制：天津景天汇影数字科技有限公司
② 泉州某住宅 / 设计：中天建设计院 / 绘制：天津景天汇影数字科技有限公司

泰州欣成 / 设计：泛太平洋设计与发展有限公司 / 绘制：上海艺筑图文设计有限公司

① 宿迁金鹰 / 设计：泛太平洋设计与发展有限公司 / 绘制：上海艺筑图文设计有限公司
② 仙居某住宅 / 设计：泛太平洋设计与发展有限公司 / 绘制：上海艺筑图文设计有限公司

①

②

③

住宅建筑 / Housing Architecture

344/345 高层居住社区 /High-rise Housing

① 威尼花园 / 设计：上海中房建筑设计有限公司 / 绘制：上海麒盛建筑设计有限公司
② 三七市欧美住宅 / 设计：油水 / 绘制：宁波市江北风景建筑设计 表现中心
③ 温州丽岙 / 设计：上海唯道建设发展有限公司 / 绘制：上海鼎盛建筑设计有限公司
④ 葫芦岛 / 设计：荒岛机构 / 绘制：丝路数码技术有限公司

④

① 南京中海凤凰熙岸 / 设计：天华建筑设计有限公司 / 绘制：上海翰境数码科技有限公司
② 某项目 / 绘制：北京屹巅时代建筑艺术设计有限公司
③ 翡翠城西南区地块住宅项目 / 绘制：上海千蓉数码科技有限公司

木渎项目 / 设计：日清国际 / 绘制：上海翰境数码科技有限公司

①

①

②

住宅建筑 / **Housing Architecture**

350/351 高层居住社区 / High-rise Housing

① 金地某项目 / 绘制：上海翰境数码科技有限公司
② 红谷滩某住宅小区 / 设计：上海构想建筑设计有限公司 / 绘制：上海翰境数码科技有限公司

长沙鹅羊山项目 / 设计：上海现代建筑设计集团有限公司 / 绘制：上海翰筑数码科技有限公司

住宅建筑 / **Housing Architecture**

354/355 高层居住社区 / High-rise Housing

① 重庆协信项目 / 设计：上海致逸建筑设计有限公司 / 绘制：上海翰境数码科技有限公司
② 洋河街 / 设计：德阳宏基原创建筑设计有限公司 / 绘制：成都市亿点数码艺术设计有限公司

① 无锡魅力 / 设计：日清国际 / 绘制：上海翰境数码科技有限公司
② 某住宅 / 设计：合生创展 / 绘制：上海翰境数码科技有限公司

住宅建筑 / Housing Architecture

358/359 高层居住社区 /High-rise Housing

① 某住宅 / 设计：合生创展 / 绘制：上海翰境数码科技有限公司
② 乐山某项目 / 设计：上海大橡建筑设计事务所 / 绘制：上海鼎盛建筑设计有限公司

①

住宅建筑 /Housing Architecture

360/361 高层居住社区 /High-rise Housing

① 新绿园 / 设计：江西省建筑设计研究院 / 绘制：南昌浩瀚数字科技有限公司
② 某小区 / 绘制：南昌浩瀚数字科技有限公司
③ 湖南娄底某项目 / 绘制：杭州弧引数字科技有限公司

①

住宅建筑 / Housing Architecture

362/363 高层居住社区 / High-rise Housing

① 川投项目 / 设计：成都万汇建筑设计有限公司 / 绘制：成都市亿点数码艺术设计有限公司
② 成都某项目 / 设计：深圳万脉世纪建筑设计 戴工 / 绘制：深圳市水木数码影像科技有限公司

①

①

住宅建筑 /**Housing Architecture**

364/365 高层居住社区 /High-rise Housing

苏河湾 / 设计：天华建筑设计有限公司 / 绘制：上海翰境数码科技有限公司

住宅建筑 /**Housing Architecture**

366/367　高层居住社区 /High-rise Housing

① 西安曲江某项目 / 设计：天华建筑设计有限公司 / 绘制：上海翰境数码科技有限公司
② 如皋某高层住宅 / 绘制：上海赫智建筑设计有限公司
③ 某项目 / 绘制：南昌浩瀚数字科技有限公司

①

①

②

③

① 名仕家园 / 设计：上海康都置业有限公司 / 绘制：上海翰境数码科技有限公司
② 无锡复地项目 / 设计：上海刘志筠建筑设计事务所 / 绘制：上海艺筑图文设计有限公司
③ 富地伍爱 / 设计：上海刘志筠建筑设计事务所 / 绘制：上海艺筑图文设计有限公司

①

住宅建筑 /Housing Architecture

370/371 高层居住社区 /High-rise Housing

① 舟山某项目 / 设计：天华建筑设计有限公司 / 绘制：上海翰境数码科技有限公司
② 万科旗忠项目 / 设计：中建九所 / 绘制：上海翰境数码科技有限公司

住宅建筑 / **Housing Architecture**

 372/373 高层居住社区 / High-rise Housing

① 某小区 / 设计:越秀设计院 郑工 / 绘制:广州志盛数码科技有限公司
② 某小区 / 设计:建工设计院 林工 / 绘制:广州志盛数码科技有限公司

①

①

①

②

①

①

①

②

③

住宅建筑 /Housing Architecture

374/375 高层居住社区 /High-rise Housing

① 汉中小区 / 设计：陕西省设计研究院陶小明工作室 / 绘制：西安三川数码图像开发有限公司
② 象湖 / 设计：中国瑞林建筑工程技术有限公司 / 绘制：南昌浩瀚数字科技有限公司
③ 榆林麻地湾 / 设计：陕西省设计研究院陶小明工作室 / 绘制：西安三川数码图像开发有限公司

③

③

住宅建筑 /Housing Architecture

376/377 高层居住社区 /High-rise Housing

① 某住宅 / 设计：刘治平 / 绘制：上海市杰点建筑绘画有限公司
② 金水湾 / 设计：上海城建建筑设计有限公司 / 绘制：上海市杰点建筑绘画有限公司

住宅建筑 /**Housing Architecture**

378/379 高层居住社区 / High-rise Housing

西笛成都世纪皇城 / 绘制：上海赫智建筑设计有限公司

①

①

②

②

住宅建筑 / Housing Architecture

380/381 高层居住社区 / High-rise Housing

① 某住宅 / 绘制：上海赫智建筑设计有限公司
② 宜昌新城 / 绘制：上海赫智建筑设计有限公司

①

①

①

①

住宅建筑 / Housing Architecture

382/383 高层居住社区 /High-rise Housing

① 罗江小区 / 设计·设计：中国建筑西南设计研究院 沙坤 / 绘制：浩瀚图像设计有限公司
② 某住宅 / 设计·设计：王炎 / 绘制：成都市亿点数码艺术设计有限公司
③ 某项目 / 绘制：北京屹巅时代建筑艺术设计有限公司

②

②

恒 安 新 东 城

③

①

住宅建筑 / **Housing Architecture**

384/385 高层居住社区 / **High-rise Housing**

① 某保障性住房 / 设计：深圳市宝安建筑设计院 / 绘制：深圳市原创力数码影像设计有限公司
② 横岗保障性住房 / 设计：深圳市同济人建筑设计有限公司 / 绘制：深圳市原创力数码影像设计有限公司

①

②

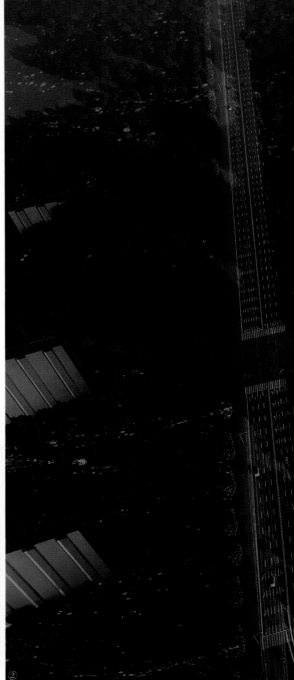

住宅建筑 /**Housing Architecture**

386/387 高层居住社区 / *High-rise Housing*

① 万兴一品 / 设计：德阳宏基原创建筑设计有限公司 / 绘制：成都市亿点数码艺术设计有限公司
② 武汉万科项目 / 设计：日清国际 / 绘制：上海翰境数码科技有限公司

①

②

③

③

住宅建筑 / Housing Architecture

388/389 高层居住社区 / High-rise Housing

① 黄河路某项目 / 设计：德阳宏基原创建筑设计有限公司 / 绘制：成都市亿点数码艺术设计有限公司
② 南湖小区 / 设计：中汇建筑设计事务所 / 绘制：深圳市佐佑电脑艺术设计有限公司
③ 万兴一品 / 设计：德阳宏基原创建筑设计有限公司 / 绘制：成都市亿点数码艺术设计有限公司

③

③

住宅建筑 /Housing Architecture

390/391 高层居住社区 /High-rise Housing

① 长辛店某住宅 / 设计：北京市住宅建筑设计研究院 / 绘制：北京远古数字科技有限公司
② 北京如意住宅 / 设计：北京市住宅建筑设计研究院 / 绘制：北京远古数字科技有限公司
③ 德阳中融大名城项目 / 绘制：大智机构
④ 某项目 / 设计：合生创展 / 绘制：上海翰境数码科技有限公司
⑤ 吉水某项目 / 设计：北京新纪元建筑工程设计有限公司 沈若宏 / 绘制：西林造景（北京）咨询服务有限公司

③

④

⑤

住宅建筑 / Housing Architecture

392/393 高层居住社区 / High-rise Housing

① 北京如意住宅 / 设计：北京市住宅建筑设计研究院 / 绘制：北京远古数字科技有限公司
② 保定东湖印象 / 设计：上海展德建筑设计有限公司 / 绘制：上海艺酷数字科技有限公司
③ 南阳某住宅 / 设计：奥斯丁 / 绘制：深圳市异时空电脑艺术设计有限公司

住宅建筑 / **Housing Architecture**

394/395 高层居住社区 / High-rise Housing

① 三门峡住宅项目 / 设计：中诚建筑设计有限公司 / 绘制：上海翰境数码科技有限公司
② 淮南某项目 / 绘制：合肥东方石图像文化有限公司

住宅建筑 ∕ Housing Architecture

396/397　高层居住社区 ∕ High-rise Housing

① 张掖住宅 ∕ 绘制：上海赫智建筑设计有限公司
② 某住宅小区 ∕ 设计：中国瑞林建筑工程技术有限公司 ∕ 绘制：南昌浩瀚数字科技有限公司

住宅建筑 / **Housing Architecture**

398/399 高层居住社区 / *High-rise Housing*

① 福记南洋项目 / 绘制：上海赫智建筑设计有限公司
② 某住宅 / 绘制：上海赫智建筑设计有限公司

住宅建筑 /Housing Architecture

400 高层居住社区 /High-rise Housing

① 冠宇巴黎都市 / 绘制：杭州景尚科技有限公司
② 水岸华府 / 设计：宏正建筑设计院 / 绘制：杭州景尚科技有限公司